数学超有趣

脑力大比拼

老渔／著

SPM 南方传媒 | 新世纪出版社
·广州·

前言

你们肯定想不到，在我小学时的一次数学考试中，我竟然拿到了103 分！这可不是吹牛，我确实考出了比 100 分还多 3 分的成绩。这是怎么回事呢？事情是这样的：那次考试与以往不同，增加了 20 分"奥数附加题"。当时我第一次听到"奥数"这个词，并不理解它的含义，只记得"奥数附加题"很难，却很有趣，特别有挑战性。当我把全部附加题解答出来的时候，那种成就感，简直比玩一天游戏、吃一顿大餐还要快乐！

可以说我对数学和其他理科的兴趣，就是从解答奥数题开始的。越走近奥数，越能训练数学思维，这使我在面对小学数学，乃至初高中理科时更有信心。毕竟，大部分理科题，都有数学思维在起作用。

可是在我们那个年代，想要学好奥数并不容易，必须整天捧着一本满页文字和数学符号的课本。因此，大多数同学从一开始就被奥数的表象吓到了。如果有一套简单的奥数书，让大家都能感受到奥数的趣味，从此爱上数学，训练出出色的数学思维，那该多好啊！这套漫画书就是承载着我童年的小小愿望，飞跃了三十多年的时光出现在你们面前的。

真是遗憾，当年如果有这套书，估计全校至少一半的同学都能拿到那 20 分吧！希望小读者们能在我儿时梦想的书籍中，收获奥数的逻辑、数学的思维与求知的快乐！

老渔

2023 年 8 月

目 录

蛋壳盲盒 4
· 谁轻谁重 ·

8 **养老院送餐**
猜职业

谁扔的球 12
· 真假逻辑 ·

16 **胖爸爸烙饼记**
· 统筹安排 ·

智斗金凤 20
· 逆向思维 ·

24 **怪味月饼**
· 抽屉原理 ·

我和爸爸去古镇 28
· 容斥原理 ·

32 **巫师与小毛驴**
· 加乘原理 ·

天价照片 36
· 排列组合 ·

40 **麦小乐备战记**
· 田忌赛马 ·

家里没鸡蛋了，你们去隔壁刘阿姨家借 4 个鸡蛋。

好！

咦，有个快递！上面好像写着……玩具。

会不会是爸爸买的新玩具？我们打开看看吧！

玩具

果然是玩具！

怎么是鸡蛋？

我这里也是鸡蛋！

你们怎么把蛋都拿出来了！

这是根据我的漫画作品做成的蛋壳盲盒，四个蛋壳里分别装着恐龙、鸵鸟、鸭子和小鸟。

你们现在都打乱了顺序，我怎么分得清哪个蛋壳里装的是什么呢？

对不起……

这玩具做得太逼真了，连开口都看不到！

这是仿真蛋壳，需要把蛋放在 42 度以上的水里泡 5 分钟，蛋壳才会裂开。

那我们泡开看看不就分清了嘛！

不行，蛋壳裂开后就无法复原了，而且里面的小动物遇水也会变大……这可是我下午要带去公司的样品啊！

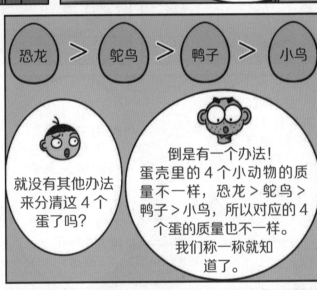

恐龙 > 鸵鸟 > 鸭子 > 小鸟

就没有其他办法来分清这 4 个蛋了吗？

倒是有一个办法！蛋壳里的 4 个小动物的质量不一样，恐龙 > 鸵鸟 > 鸭子 > 小鸟，所以对应的 4 个蛋的质量也不一样。我们称一称就知道了。

这个天平连砝码都丢了，还能称吗？

我翻了半天就找出这一个天平，凑合用吧！

没有砝码没关系，我们不需要称出每个蛋的质量，只要知道它们的质量关系就行了！

先把 4 个蛋编上号，然后挑选三组放在天平上进行比较。

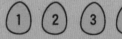

第一组　　第二组　　第三组

1号蛋比2号蛋重！

3号蛋比2号蛋轻！

4号蛋比1号蛋重！

这样就能得出 4 个蛋的质量关系了吗？

当然！我们先用大于号和小于号把这三组质量关系表示出来：1号蛋＞2号蛋，3号蛋＜2号蛋，4号蛋＞1号蛋。

我知道了！接着只要把它们都统一成大于号，就能得出：4 号蛋 > 1 号蛋 > 2 号蛋 > 3 号蛋。

所以 4 号蛋里是恐龙，1 号蛋里是鸵鸟，2 号蛋里是鸭子，3 号蛋里是小鸟！

我想到一个主意，我们给这 4 个蛋壳分别贴上对应的动物贴纸，这样爸爸就不会弄混了！

这个主意不错！

我房间里有很多贴纸，我们去找找看有没有合适的！

谁轻谁重

天平**平衡**时，两侧托盘上的物品**一样重**。天平**不平衡**时，**下方**的托盘中的物品**重**，**上方**的托盘中的物品**轻**。

天平推理

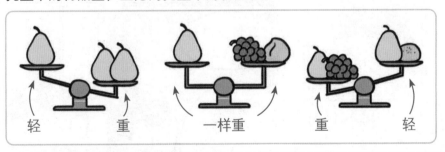

轻　　　　重　　　　　　一样重　　　　　重　　　　轻

解题思路

①把 4 个蛋编上号，挑选三组放在天平上进行比较。

②用大于号和小于号把这三组质量关系表示出来：

1号蛋 > 2号蛋，3号蛋 < 2号蛋，4号蛋 > 1号蛋。

③将关系符号都统一成大于号，得出结论：

4号蛋 > 1号蛋 > 2号蛋 > 3号蛋。

养老院送餐

·猜职业·

你们今天的任务是去养老院做义工，如果完成得好，我晚上请你们吃大餐。

没问题！

麦小乐家

刚才多亏我帮你……

你还好意思说，要不是你把王奶奶的花盆打翻了，咱们早就可以去吃饭了。

送餐员

李爷爷吃……刘爷爷吃……

嘿嘿，那我不是也帮了你吗？

看招！

打闹

哎呀！

啊，不好！

撞

还好餐盒没有掉到地上。

但是标签全乱了！这怎么办啊，我第一天上班，就搞砸了……

我有办法了！

唉，这个朱大友……

我最近刚看了推理漫画，就让我来找出餐盒标签的真相吧！

哥哥，你记得什么信息？请全部告诉我！

我只记得包子和面条都不是送到南区的……剩下的……

老李我认识，退休前是音乐老师，爱吃包子的那位总去听他弹钢琴。

住西区的那位不喜欢吃带馅儿的；老张自己说过从不吃面食……

包子和面条都不是送到南区的，说明住南区的爷爷吃米饭炒菜。

西区住户不喜欢吃带馅儿的，说明他吃面条。剩下的东区住户吃包子。

张爷爷不吃面食，说明他吃米饭炒菜，所以南区住户是张爷爷。

爱吃包子的爷爷总去听李爷爷弹钢琴，说明东区住户不是李爷爷，是刘爷爷；剩下的西区住户是李爷爷。

奶奶，您去哪儿？

到点了，我要去跳广场舞了……

这些信息足够了，我已经判断出东区住的是刘爷爷，他吃包子；西区住的是李爷爷，他吃面条；南区住的是张爷爷，吃米饭炒菜。

太感谢你了！我得赶快去送餐了，再晚饭都凉了！

我来帮你吧。

我回来了！

加快脚步

哐当！

猜职业

概念

　　猜职业、身份等属于逻辑推理类的问题，我们要分析已知的条件，通过一系列推理来得出结论。

　　常用的方法包括：**直接推导法、假设法、排除法和列表法**等。

解题思路

给出的条件	推出的结论
a.包子和面条都不是送到南区的。　　第①步	南区住户吃米饭炒菜
b. 爱吃包子的爷爷总去听李爷爷 弹钢琴。　　第②步　　第④步	东区住户不是李爷爷 → 东区住户是刘爷爷
c.西区住户不喜欢吃带馅儿的。	西区住户吃面条 →东区住户吃包子
d.张爷爷从不吃面食。　　第③步	张爷爷吃米饭炒菜 →张爷爷住南区

• 真假逻辑 •

海边沙滩

哈哈，机器人沙堡——完成啦！

咻

啪

叽

我的机器人

可恶，肯定是他们干的！我要找朱大友来支援！

四人走过来

喂，朱大友！伍十斤和东小西他们用球砸坏了我堆的机器人！你快回来帮我……

海滩商店内

好，我买完东西了，马上就过去！

刚才是谁扔的球？把我好不容易堆的机器人砸坏了！

是东小西扔的。

伍十斤

是阿甲扔的。

东小西

怎么可能是我呢！

阿甲

反正不是我扔的。

阿乙

到底是谁扔的？你们肯定有人在说谎！

我知道是谁扔的！

是谁？快告诉我！

我只能告诉你，他们四个人中有一个人说谎了，你自己猜吧。

什么？！

东小西和阿甲说的话是矛盾的，肯定是一真一假！

如果东小西说的是真话，阿甲说的就是假话。因为只有一个人说假话，所以伍十斤、东小西、阿乙说的都是真话。

东小西	阿甲	伍十斤	阿乙
真	假	真	真

这种情况下，东小西说的"是阿甲扔的"这句话是真话，那么球就是阿甲扔的；同时伍十斤说的"是东小西扔的"也是真话，嫌疑指向了两个人，所以这种情况不成立。

如果阿甲说的是真话，东小西说的就是假话。因为只有一个人说假话，所以伍十斤、阿甲、阿乙说的都是真话。

东小西	阿甲	伍十斤	阿乙
假	真	真	真

这种情况下，东小西说的"是阿甲扔的"是假话，证明球不是阿甲扔的；伍十斤说的"是东小西扔的"为真话；阿甲和阿乙说的"不是自己"都是真话。三句真话、一句假话，刚好符合！

球是你扔的，对吧？

好吧，我承认是我扔的，但我也不是故意的。

要不我帮你修好吧。

既然你态度这么诚恳，那我就原谅你了。

修补

真假逻辑

方法	判断几条信息中的真假逻辑，可以用**列表法**将所有情况都列举出来；还可以先找出**完全矛盾**的两条信息，作为推理的突破口。

解题思路	采用"矛盾律"进行分析，找出说法完全相反的两条信息。 东小西的话和阿甲的话是完全矛盾的，所以肯定为**一真一假**。	➡ 假设东小西说的是真话，阿甲说的是假话，推理后出现矛盾，证明这种情况**不成立**。
		➡ 假设阿甲说的是真话，东小西说的是假话，情况**成立**。

胖爸爸烙饼记

·统筹安排·

老爸，都12点了，老妈又不在家，我们吃啥啊？

对啊，我们都饿坏了。

老爸正在网上学习烙饼，这种饼超级好吃，你们就等着享口福吧！

真的吗？

放心吧！你俩先回屋玩会儿，等老爸做好了叫你们。

半个小时后

老爸，怎么还没做好啊？

咕——

老爸！您怎么还在玩手机！

我再看下教程。

那您这大半天是学了个啥啊！

坏了，这上面说要用平底锅烙饼，咱家没有啊！用炒锅烙出来的饼可能没那么好看。

只要能吃就行！老爸，您赶紧做吧！

老爸考考你们，这锅一次能烙2张饼，咱们今天一共要烙3张。每张饼的一面烙熟需要5分钟，你们想想要等多久才能吃上3张饼？

1张饼烙好两面需要10分钟，3张饼就需要30分钟。怎么那么久啊！

不对，这锅一次能烙2张呢，分两批就能烙完，一共需要20分钟。

你们都错了，仔细看。

放入2张
滋滋
？ ？

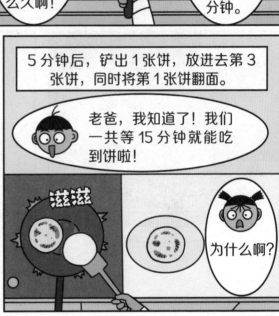

5分钟后，铲出1张饼，放进去第3张饼，同时将第1张饼翻面。

老爸，我知道了！我们一共等15分钟就能吃到饼啦！

滋滋

为什么啊？

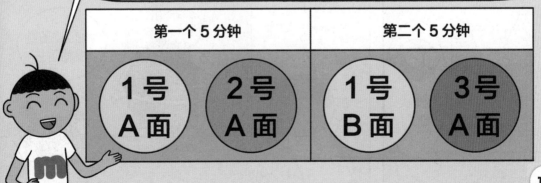

咱们给3张饼编上号，分为1号、2号、3号；再将每张饼分为A面、B面。现在1号A面和2号A面已经烙好，共用了5分钟，然后老爸将2号拿走，开始烙1号B面和3号A面。

第一个5分钟		第二个5分钟	
1号A面	2号A面	1号B面	3号A面

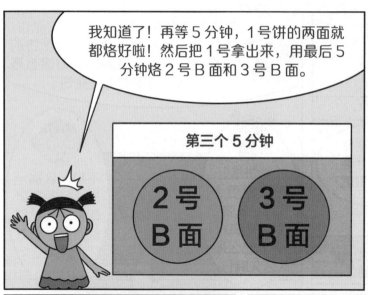

我知道了！再等 5 分钟，1 号饼的两面就都烙好啦！然后把 1 号拿出来，用最后 5 分钟烙 2 号 B 面和 3 号 B 面。

第三个 5 分钟

2 号 B 面

3 号 B 面

对喽，烙 3 张饼只要 15 分钟！出去收拾一下桌子准备吃饭吧。

5+5+5=15

过了一会儿

老爸，这就是超级好吃的饼吗？

吃下去会不会中毒啊？

果然用炒锅不行，还是得用平底锅！算了别吃啦，咱们还是点外卖吧，你们回屋再等会儿。

半小时后

叮咚

外卖到了！

终于可以开饭了！

我的肚子要饿扁了！

然而送到的是……

等着吧，老爸这次绝对不会把饼烙煳！

谁家点外卖会点一口锅啊！还能不能吃饭了？！

咕咕

统筹安排

概念

　　统筹安排体现了数学中的最优化思想，在做家务的过程中常会用到。通过统筹安排、合理规划时间，尽量用最少的时间完成要做的所有事情。

解题思路

第一个 5 分钟		第二个 5 分钟		第三个 5 分钟	
1号 A面	2号 A面	1号 B面	3号 A面	2号 B面	3号 B面

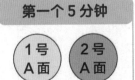  

　　这样安排后，锅里一直没有空的位置，并且完全没有浪费时间，共用了 5+5+5=15（分钟）。

19

智斗金凤

• 逆向思维 •

小乐，去鸡窝拿几个鸡蛋，一会儿爷爷给你们炒鸡蛋吃。

没问题！

啊——

是哥哥的叫声。

金凤啄我，呜呜呜……这下鸡蛋没拿到，手机还掉鸡窝里了。

谁叫你平时总学金凤走路的。

手都红啦！

你也学过金凤走路，怎么上次你去拿鸡蛋就没事？

我自有方法！

悠悠小仙女，教教我吧，我想把手机拿回来。

那好吧，谁叫我是善良的小仙女呢。

上回我一共拿了三次鸡蛋。第一次，我先拿了鸡窝里一半的鸡蛋，看到金凤瞪我，我就放回去1枚。

第二次，我又拿了一半，它又瞪我，我又放回去1枚。

第三次也一样，拿了一半，放回去1枚。这时鸡窝里还剩3枚鸡蛋，我就走了。

还剩3枚……那原来鸡窝里一定是10枚鸡蛋！

| 10 | ÷2+1 第1次 → | 6 | ÷2+1 第2次 → | 4 | ÷2+1 第3次 → | 3 |

逆运算③　　　　逆运算②　　　　逆运算①

你怎么知道原来有10枚鸡蛋？

逆运算①：（3-1）×2 = 4
逆运算②：（4-1）×2 = 6
逆运算③：（6-1）×2 = 10

倒推一下就知道了！

今天鸡窝里也是10枚鸡蛋，我这就按你的方法去试试！

那你小心点！

1分钟后

这次我刚一碰鸡蛋，金凤就啄我了。不但鸡蛋和手机没拿到，又掉到鸡窝里10块钱……

金凤不愧是这一届的鸡王！

寿喜平时非常好斗，是所有动物的死对头，这下你可惨了……

怎么拽不掉啊……啊！救命啊！这不是寿喜……这是假的啊！

逆向思维

概念

已知一个数的变化过程和结果，求原来的数是多少，这类问题就是**还原问题**，也叫**逆推问题**。考验大家的逆向思维能力。

方法

解答还原问题的步骤是：
从结果出发，按照正常计算的相反顺序一步步逆推回去，求出最初的数。

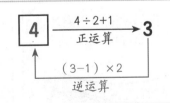

逆推时的运算规律

原来是加，逆推时变为减；原来是减，逆推时变为加；原来是乘，逆推时变为除；原来是除，逆推时变为乘。

怎么样，味道不错吧？

不错，不错……就是有一股怪味，好像跟以前吃的不太一样……

我把烤好的月饼装了16盒，你们从里面选4盒，一会儿带去爷爷家。我现在去拿另外要带的坚果、狗粮……

嗯？

竟然有这么多！

这些盒子中，有的放了1块月饼，有的放了2块月饼，口味还不一样。要选哪4盒呢？

就选……装法一模一样的4盒吧。

万一没有4盒月饼是一样的呢？

不会的，一定至少有4盒月饼是相同的。

讲解中

这里一共有 16 个盒子，里面的月饼是妈妈随意放的，有的放了 1 块，有的放了 2 块。一共可能出现 5 种放法。

第 1 种放法	第 2 种放法	第 3 种放法	第 4 种放法	第 5 种放法
豆沙月饼 ×1	五仁月饼 ×1	豆沙月饼 ×2	五仁月饼 ×2	豆沙月饼 ×1 五仁月饼 ×1

我想起来了，这是刚学的"抽屉原理"！5 种放法对应 5 个"抽屉"，16 个盒子对应 16 个"苹果"。

用盒子的总数除以 5，商为 3，余数为 1，3+1=4，所以至少有一种放法对应 4 个或 4 个以上的盒子。

$16 ÷ 5 = 3……1$

我们就选这 4 盒吧！

我来把它们装到袋子里。

每盒都是一块豆沙月饼、一块五仁月饼

冲出来

快把月饼放下！

怎么了？

抽屉原理

概念

把 $n+1$ 个苹果放到 n 个抽屉里，其中必定至少有一个抽屉里有 2 个或 2 个以上苹果。这就叫**抽屉原理**。

假如：把大于 n 个元素放到 n 个集合中

结论：其中必定至少有一个集合里有 2 个或 2 个以上元素

假如：把多于 mn（m 乘 n，n 不为 0）个元素放到 n 个集合中

结论：至少有一个集合中有不少于 $m+1$ 个元素

公式

苹果 ÷ 抽屉（n）= 商……余数

①当余数 $=x$，$1 \leqslant x \leqslant n-1$。结论：至少有一个抽屉里有不少于（商 + 1）个苹果。

②当余数 $=0$。结论：至少有一个抽屉里有不少于"商"个苹果。

我和爸爸去古镇

· 容斥原理 ·

悠悠，你干什么呢？

市里不是举办以"家乡之美"为主题的诗歌比赛吗，我写的是《我和爸爸去古镇》，老师要我发我和爸爸在古镇的合照。

这个活动我知道，我每年都报名参加，就是一个字都没写出来过。

唉……我和爸爸的合照也太丑了！

你们女孩子就是对照片要求太严格，差不多就行了呗，又不是摄影比赛！

我看看！

抢走

这……确实是太丑了……

对呀。

就没有其他合照了吗？我帮你找找！

我记得当时数过，一共拍了85张照片，拍了我的照片有48张，拍了爸爸的照片有16张，其他没拍人的风景照是22张。合照嘛……

那不用找了，你和爸爸的合照只有1张。

你怎么这么确定？

过了一会儿

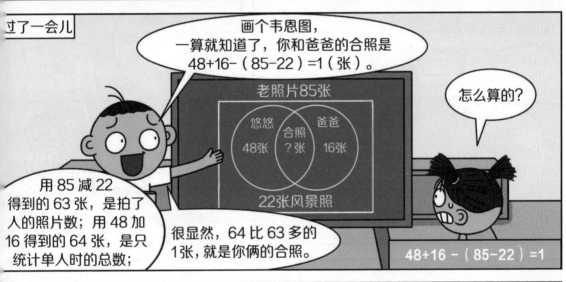

画个韦恩图，一算就知道了，你和爸爸的合照是48+16-（85-22）=1（张）。

怎么算的？

老照片85张

悠悠 48张　合照 ?张　爸爸 16张

22张风景照

用85减22得到的63张，是拍了人的照片数；用48加16得到的64张，是只统计单人时的总数；

很显然，64比63多的1张，就是你俩的合照。

48+16 -（85-22）=1

那怎么办，大家看到那张照片一定会笑话我！

没办法，就发这张吧。反正你肯定得不了奖，也只有老师能看到。

老照片85张

悠悠 48张

行吧。

哥哥，我的作品得奖了！

什么得奖了？

一星期以后

就是那篇《我和爸爸去古镇》得奖了，老师说会在电视台播放，所有人都能看到……

啊？

这次诗歌比赛的获奖者年龄跨度非常大……

上至90岁老人，下至5岁儿童，他们用文字和图片展示着家乡……

那么，你和爸爸那张糗照……

那怎么办啊？

咦，诗歌比赛啊。我听老师说悠悠也得奖了，一会儿会播放吧？

爸爸！

没，我没得电视！

你说什么？

悠悠饿得脑袋"短路"了，我也饿了，我们赶紧出去吃饭吧！

对，我饿子肚了，不是，肚子饿了！

那，好吧。

容斥原理

概念

　　在计数时，把包含于某内容中的所有对象的数目先算出来，然后再把重复计算的数目排除，做到计算结果不重复也不遗漏。这种计数方法叫**容斥原理**，也叫重叠问题或包含排除法。

韦恩图

　　用平面上封闭曲线的内部代表集合和集合之间的关系，这种图称为韦恩图。

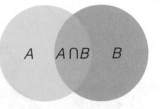

　　我们可以用画韦恩图的方式来解决重叠问题，也可以直接用公式计算。

　　如果被计数对象被分为 A、B 两大类，则：**被计数对象的总个数 = A 类元素的个数 + B 类元素的个数 − 同时属于 A 类和 B 类的元素个数。**

·加乘原理·

爸爸这口面包都已经嚼了87下了！

居然能一边吃饭一边睡觉，厉害……

不要喝！

惊！

我昨晚通宵写稿，现在有点迷糊，嘿嘿……

今天上午小区广场举办联欢会，咱们三个要表演话剧，您不会忘了吧？

联欢会啊……记得，记得，就是你们俩演小巫师，我演小毛驴嘛。

您演的小毛驴有两句歌词，您还会唱吗？

没问题呀，我表演给你们看。

我得意地笑，我得意地笑，何不潇洒走一回！

不是这两句……

应该是"我是一头小毛驴，整天笑嘻嘻"，记住了吗，老爸？

啊，这两句啊……记住了，记住了。

糟了，我们的巫师帽和魔杖好像落在学校了……

那怎么办？一会儿就要表演了！

只能让爸爸赶快买两套回来，咱俩先去小区广场报到。

嗯！

小区旁边的玩具店卖整套的巫师帽和魔杖，您帮我们买两套回来吧，随便什么款式的都行……老爸，老爸，您听见了吗？

嗯，嗯，好……听见了。

爸爸这个样子真的可以吗，不会出什么差错吧？

附近有两个玩具店，乐哈哈玩具店有3种款式的巫师帽和4种款式的魔杖可以任意组合，笑嘻嘻玩具店有2种款式的巫师帽和5种款式的魔杖可以任意组合。

乐哈哈玩具店　笑嘻嘻玩具店

如果老爸去乐哈哈玩具店，有3×4=12（种）组合可选；如果老爸去笑嘻嘻玩具店，有2×5=10（种）组合可选。一共有22种组合可选呢，肯定能买到一套差不多的。

3 × 4 + 2 × 5 = 22

但我还是有点不放心，万一买了一套特别差的……

放心吧，最差的不过是粗布帽子、塑料魔杖……不会特别离谱的！

好吧，那我就放心了。

上台表演前

加乘原理

	加法原理	乘法原理
概念	加法原理是把完成一件事的方法分成几类，每一类中的任何一种方法都能完成任务，所以完成任务的不同方法数等于各类方法数之和。 **类类独立，类类相加。**	乘法原理是把一件事分几个步骤完成，这几个步骤缺一不可，所以完成任务的不同方法数等于各个步骤方法数的乘积。 **分成几步，步步相乘。**

步骤	①本题中，要**先分类**（乐哈哈玩具店和笑嘻嘻玩具店两类），**后分步**（先选巫师帽，再选魔杖）。算出每一类的可购买组合数后，再类类相加。 ②乐哈哈玩具店有 3 种巫师帽和 4 种魔杖，可以搭配出 3×4=12（种）组合；笑嘻嘻玩具店有 2 种巫师帽和 5 种魔杖，可以搭配出 2×5=10（种）组合。 ③最后加在一起，共有 12+10=22（种）组合。

天价照片

公园

咦，那边新修了什么？以前没见过！

好像可以拍照！

自助拍照，现场打印。一张20元，试拍免费。

开始拍照

大狮子、大河马、长颈鹿，每一个都想拍！

一张照片要20元，太贵了！咱们最多拍一张。

试拍不花钱。这样吧，我们先把每一种站位都拍一张，最后选一张最好的打印出来。

好吧，不过得快点，咱们一会儿还要去预约好的餐厅吃饭呢。

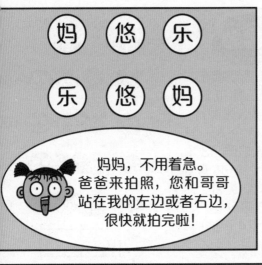

妈妈，不用着急。爸爸来拍照，您和哥哥站在我的左边或者右边，很快就拍完啦！

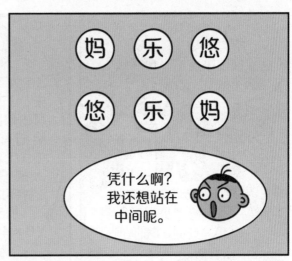

凭什么啊？我还想站在中间呢。

我今天化了美美的妆，那我也要站在中心位。

让我看看拍得怎么样！

从6张里选出1张打印，咱们就能去吃饭了吧。

你们是不是把老爸我给忘了？说好的每种情况拍一张，我还没上过镜呢！

这次换我来当摄影师吧！

啊？我们还要拍多少张啊？我的肚子都咕咕叫了。

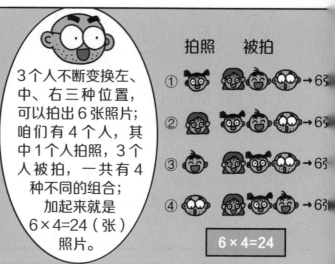

3个人不断变换左、中、右三种位置，可以拍出6张照片；咱们有4个人，其中1个人拍照，3个人被拍，一共有4种不同的组合；加起来就是6×4=24（张）照片。

拍照　被拍

① → 6张
② → 6张
③ → 6张
④ → 6张

$$6 \times 4 = 24$$

这个问题本质上是一个排列问题，也可以用公式来计算。

$$A_4^3 = \frac{4!}{(4-3)!} = 4 \times 3 \times 2 = 24$$

只要再拍18张就可以了嘛。好了，悠悠摄影师上岗，你们快摆好姿势！

好吧，我就勉为其难，配合你们一下。

半小时后

选这张吧，妈妈和哥哥的表情都好好笑。

无所谓，我现在只想去吃饭。

好嘞，我这就付款。

排 列 组 合

	排列	组合
概念	排列是指从给定数量的元素中取出指定数量的元素，按照一定的顺序排成一列。	组合是指从给定数量的元素中仅仅取出指定数量的元素，不考虑排序。

公式

从 n 个不同元素中取出 m（$m \leq n$）个元素的所有排列的个数，叫从 n 个不同元素中取出 m 个元素的**排列数**，用符号 A_n^m 表示。

$$A_n^m = n(n-1)(n-2) \cdots (n-m+1) = \frac{n!}{(n-m)!}$$

从 n 个不同元素中取出 m（$m \leq n$）个元素的所有组合的个数，叫从 n 个不同元素中取出 m 个元素的**组合数**，用符号 C_n^m 表示。

$$C_n^m = \frac{n!}{(n-m)! \times m!}$$

• 田忌赛马 •

告诉大家一个好消息，在今天的50米赛跑中，我跑了我们班第三名！

哦。

你们怎么都不激动啊？下周学校举办运动会，我要代表我们班去跟一班比赛了！

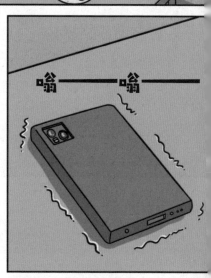

嗡————嗡

呀！我们班体委伍十斤给我发信息了。

他说打听到了一班三名选手的出场顺序和成绩。

糟了，他们班的人好厉害啊……我感觉输的可能性很大。

别着急，手机拿来，我帮你看看。

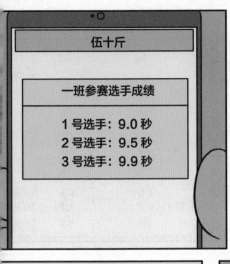

伍十斤

一班参赛选手成绩

1号选手：9.0秒
2号选手：9.5秒
3号选手：9.9秒

你们的比赛是什么规则啊？

我们班和一班分别派出3名选手两两对决，每名选手只能参加一场比赛，赢的人所在的班级得一分，三局两胜。

哦？那你还记得你们班选手的成绩吗？

我只记得自己跑了10.1秒，等一下，我问问伍十斤。

伍十斤

四班参赛选手成绩

1号选手（伍十斤）：9.3秒
2号选手（朱大友）：9.6秒
3号选手（麦小乐）：10.1秒

发过来了。第一名，伍十斤，9.3秒；第二名，朱大友，9.6秒；第三名，麦小乐，10.1秒。

哥哥，你们班选手的成绩都比一班的差啊。

小乐，我有一个好办法可以让你们班取得胜利，想不想听？

当然想了，赢的班级可以得到一个足球呢！

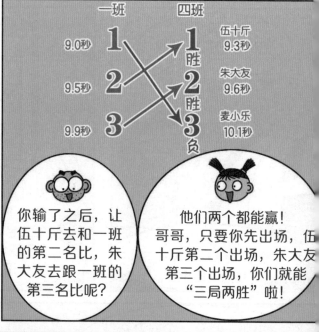

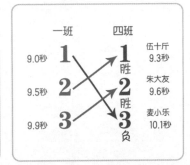

田忌赛马

由来

在竞技比赛和游戏中，人们总是希望自己方获胜，这就要制定出对自己有利的策略。

在《田忌赛马》的故事中，田忌只是将马匹的对战顺序进行了调整，用己方的下、上、中等马分别对战齐威王的上、中、下等马，就在自己每个等级的马都不如对方的情况下，以一负二胜的总成绩获得最终胜利。

策略

①四班的第3名和一班的第1名比：
四班负
②四班的第1名和一班的第2名比：
四班胜
③四班的第2名和一班的第3名比：
四班胜
四班三局两胜，获得最终胜利。

一班　　　四班

9.0秒　**1**　　　**1** 胜　伍十斤 9.3秒

9.5秒　**2**　　　**2** 胜　朱大友 9.6秒

9.9秒　**3**　　　**3** 负　麦小乐 10.1秒

图书在版编目（CIP）数据

数学超有趣. 第8册, 脑力大比拼 / 老渔著. — 广
州 : 新世纪出版社, 2023.11
　　ISBN 978-7-5583-3969-1

　　Ⅰ.①数… Ⅱ.①老… Ⅲ.①数学 – 少儿读物 Ⅳ.
①O1-49

　　中国国家版本馆CIP数据核字（2023）第180013号